AF458743

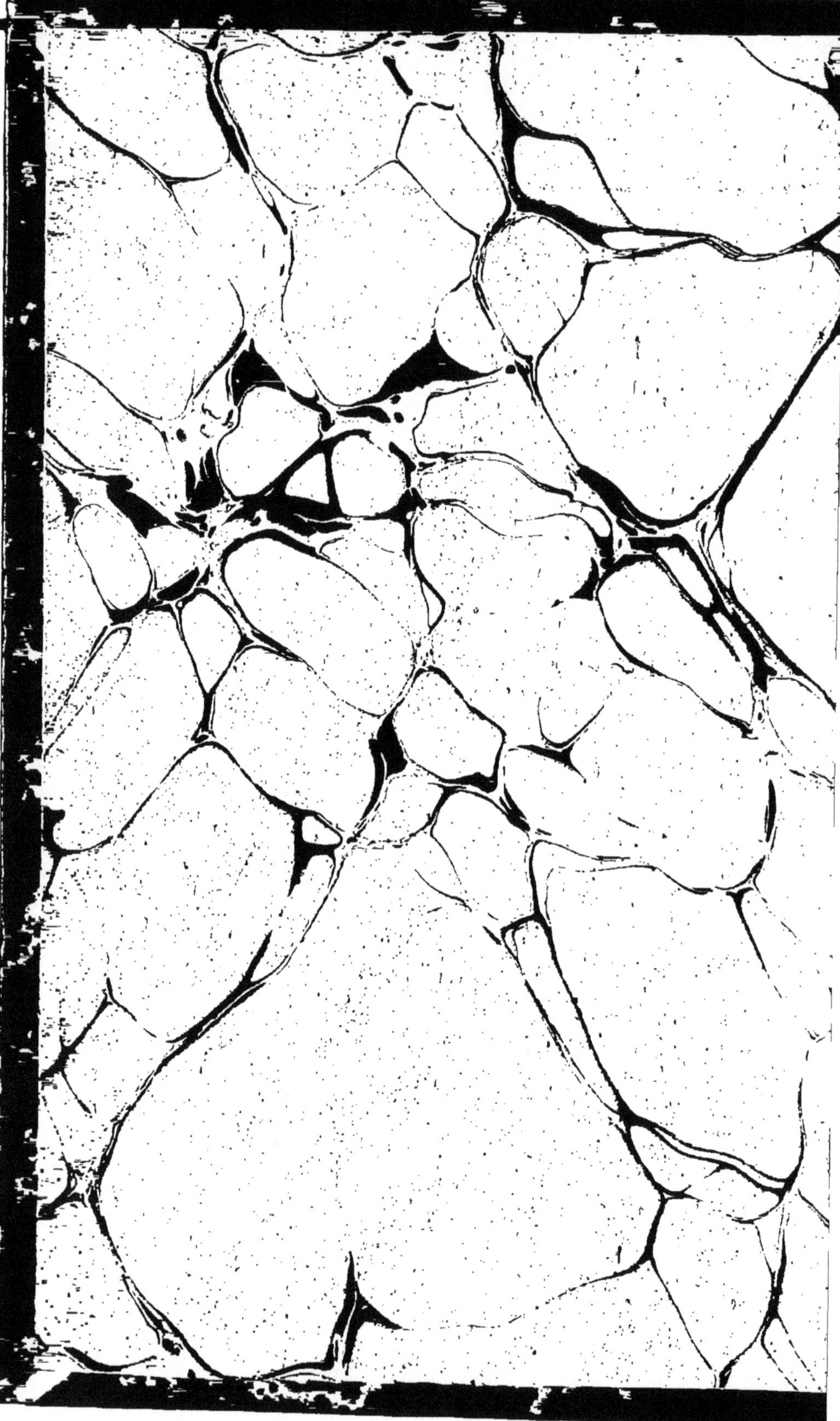

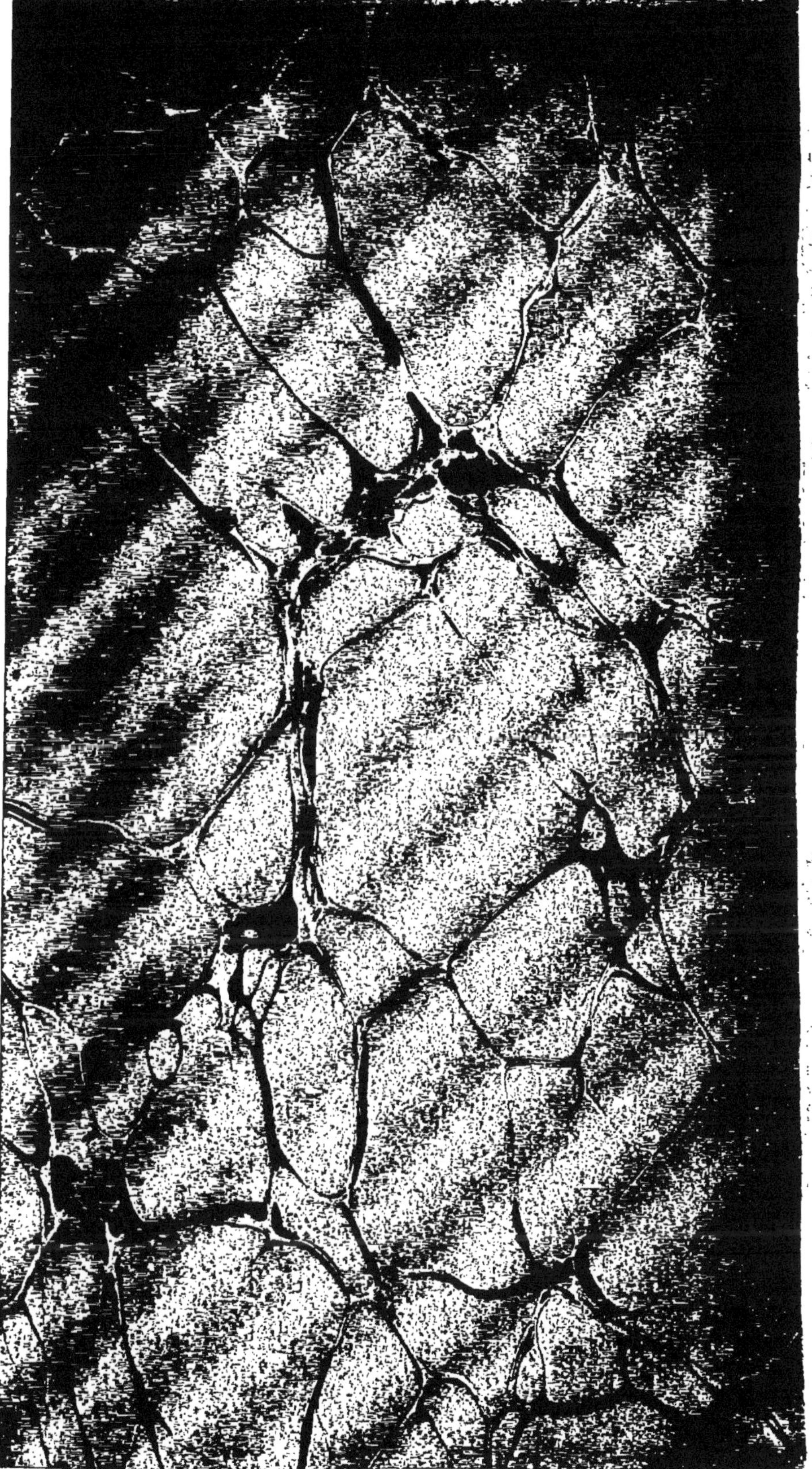

LA

FUSION DES PARTIS

1

LA

FUSION

DES PARTIS

Mémoire adressé au Roi, en Juillet 1814

PAR

CARNOT

Lieutenant-général, Chevalier de l'Ordre royal et militaire de St-Louis, Membre de la Légion d'honneur, de l'Institut de France, etc., etc.

PARIS

ISIDORE LISEUX, ÉDITEUR,

PASSAGE CHOISEUL, N° 19

1888

Ce Mémoire, adressé à Louis XVIII pendant la première Restauration, est réimprimé ici sous un titre qui en exprime exactement la substance.

On parle beaucoup, depuis quelque temps, de concentration républicaine ; Carnot conseille plus et mieux : la fusion de tous les partis, ce qu'on pourrait appeler la concentration nationale.

Pour atteindre ce but, il indique des moyens qui méritent d'être étudiés. On remarquera notamment ses vues sur les expéditions hasardeuses, sur le développement des forces intérieures de la France, sur les distinctions honorifiques, les croix, les rubans, etc. Le monde politique s'intéressera très certainement à cet écrit.

LA

FUSION DES PARTIS

MÉMOIRE

ADRESSÉ AU ROI, EN JUILLET 1814

L'état social, tel que nous le voyons, n'est, à proprement parler, qu'une lutte continuelle entre l'envie de dominer, et le désir de se soustraire à la domination.

Aux yeux des partisans de la liberté indéfinie, tout pouvoir, quelque restreint qu'il soit, est illégitime : aux yeux des partisans du pouvoir absolu, toute liberté, quelque bornée qu'elle soit, est un abus.

Les premiers ne voient pas de quel droit on prétend les gouverner ; les autres ne conçoivent pas de quel droit on prétend mettre des bornes à leur autorité : ceux-là soutiennent l'égalité parfaite entre tous les hommes ; ceux-ci, la prérogative innée pour quelques-uns de commander aux autres.

C'est de ce conflit d'opinions et de prétentions que sont nées nos discordes civiles ; et, lorsque l'imagination en est encore effrayée, il est difficile de porter un jugement impartial dans une semblable discussion : chaque parti s'empresse de rejeter toutes les fautes commises sur le parti contraire. Ceux que l'état antérieur des choses avait placés au-dessus des autres, imputent tous les malheurs au défaut de soumission des derniers ; ceux-ci les attribuent aux droits arbitraires que s'étaient arrogés les premiers, à leur obstination à défendre d'absurdes et ridicules privilèges.

Pour être équitable en pareille matière, il faudrait pouvoir se dégager soi-même de toute prévention ; il faudrait se transporter en idée dans les siècles à venir : et encore, dans ce cas, faudrait-il pouvoir ignorer les résultats de l'Histoire, et se défaire de la pente presque irrésistible que nous avons à juger les choses par les événements.

Il est vrai que la manière de décider la plupart des questions est en quelque sorte justifiée par les écarts auxquels conduisent presque toujours les théories abstraites. La Révolution en fournit de funestes preuves aux générations futures : elle fut préparée par une foule d'écrits purement philosophiques. Les âmes, exaltées par l'espoir d'un bonheur inconnu, s'élancèrent tout à coup dans les régions imaginaires; nous crûmes avoir saisi le fantôme de la félicité nationale; nous crûmes qu'il était possible d'obtenir une République sans Anarchie, une liberté illimitée sans désordre, un système parfait d'égalité sans factions. L'expérience nous a cruellement détrompés : que nous reste-t-il de tant de chimères vainement poursuivies? Des regrets, des préventions contre toute perfectibilité, le découragement d'une multitude de gens de bien qui ont reconnu l'inutilité de leurs efforts.

Vous succombez, hommes, qui vouliez être libres, et par conséquent tous les crimes vous seront imputés; vous êtes des coupables auxquels on veut bien pardonner *provisoirement*, à condition que vous reprendrez vos premières chaînes, rendues plus pesantes par un orgueil si longtemps humilié, et retrempées, au nom du ciel, dans l'esprit des vengeances.

Eh! quelle fut donc, pendant les orages, la conduite de ceux qui vous rapportent des fers? Ont-ils bien le droit d'accuser les autres des maux qu'ils ont pu souffrir? Ne serait-ce pas à eux-mêmes que conviendraient ces noms d'assassins et de régicides qu'ils vous prodiguent si généreusement? Et ne ressembleraient-ils pas à ces filous, qui, pour détourner les soupçons de leurs personnes, crient au voleur plus haut que tous les autres, pendant qu'ils cherchent à se perdre dans la foule?

« Quoi! » disent ces transfuges, « ce » ne sont pas ceux qui ont voté la mort » du Roi qui sont les régicides? » — Non, ce sont ceux qui ont pris les armes contre leur mère patrie, c'est vous-mêmes; les autres l'ont votée comme juges constitués par la nation, et qui ne doivent compte à personne de leur jugement. S'ils se sont trompés, ils sont dans le même cas que tous les autres juges qui se trompent : ils se sont trompés avec la nation entière qui a provoqué le jugement, qui y a ensuite adhéré par des milliers d'adresses venues des communes ; ils se sont trompés avec toutes les nations de l'Europe qui ont traité avec eux, et qui seraient encore en paix avec eux, si les uns et les autres n'eussent été également victimes d'un nouveau parvenu.

Mais vous, qui venez après la tempête, comment vous justifierez-vous d'avoir impitoyablement refusé votre aide à ce roi que vous affectez de plaindre ? Vous, à la cupidité desquels il avait sacrifié les ressources du trésor public, vous, qui par la perfidie de vos conseils, l'aviez engagé dans le labyrinthe dont il ne pouvait plus sortir que par vos propres efforts ? Comment lui avez-vous refusé les dons gratuits qu'il vous demandait? Comment avez-vous refusé l'accroissement des contributions que vos déprédations lui avaient rendues indispensables? Qu'ont fait pour lui les notables? Qu'a fait le clergé? Qu'a fait la noblesse? Qui a provoqué les États-Généraux? Qui a mis toute la France en insurrection? Et, lorsque la Révolution a été commencée, qui est-ce qui s'est trouvé capable d'en arrêter le torrent? Si vous le pouviez, pourquoi ne l'avez-vous pas fait? Si vous ne le pouviez pas, pourquoi reprochez-vous aux autres de ne l'avoir point arrêté?

« Louis XVI », dites-vous, « fut le » meilleur des rois, le père de ses sujets. » — Eh bien! qu'avez-vous fait pour le sauver, ce père, ce meilleur des rois? Ne l'avez-vous pas lâchement abandonné, quand vous l'avez vu dans le péril où vous l'aviez précipité? N'était-ce pas votre devoir de lui faire un rempart de vos corps? N'était-ce pas le serment que vous lui aviez fait de le défendre jusqu'à la dernière goutte de votre sang? S'il était le père de ses sujets, n'étiez-vous pas ses enfants de prédilection? N'était-ce pas pour vous qu'il s'était obéré? N'était-ce pas pour satisfaire à votre rapacité qu'il s'était aliéné l'amour de ses autres enfants? Et vous le laissez seul à la merci de ceux que vous aviez irrités contre lui! Était-ce aux républicains de défendre avec des paroles, dans une tribune, celui que vous n'aviez pas osé défendre avec votre épée? Quel point d'appui restait-il à ceux de ces républicains qui, contre leurs propres intérêts, auraient voulu sauver le Roi, lorsque vous, ses défenseurs naturels et obligés, vous veniez de fuir? N'est-il pas clair qu'ils se seraient eux-mêmes immolés inutilement avec lui et qu'ils eussent tous été les victimes d'un mouvement populaire (1)? Vous exigez des autres une vertu plus qu'humaine, tandis que vous donnez l'exemple de la désertion et de la félonie.

Louis n'était déjà plus roi lorsqu'il fut jugé : sa perte était inévitable. Il ne pouvait plus régner, du moment que son sceptre était avili; il ne pouvait plus vivre, du moment qu'il n'y avait plus moyen de contenir les factions; ainsi la mort de Louis doit être imputée, non à ceux qui ont prononcé sa condamnation, comme on prononce celle d'un malade dont on désespère, mais à ceux qui, pouvant arrêter dans leurs principes des mouvements désordonnés, ont trouvé plus

(1) Voir les Notes à la fin du volume.

expédient de quitter un poste si dangereux.

Vous faites un tableau hideux de la Révolution ; plus il est hideux, plus vous êtes criminels, car c'est votre ouvrage : c'est vous qui êtes les auteurs de toutes les calamités. Expiez, vous ne pouvez mieux faire, expiez votre ingratitude envers Louis XVI par des prières publiques, par des services annuels dans les temples. Vous ne réclamez, dites-vous pieusement, que la punition des grands coupables, et c'est vous qui êtes ces grands coupables. Les autres ont pu tomber dans l'erreur : c'est une question ; mais votre trahison n'en est pas une. Vous qui étiez les premiers-nés de ce roi, vous qui teniez tout de sa faiblesse même, vous avez, vous aurez toujours à vous reprocher un parricide ; et Louis aurait pu vous adresser ces dernières paroles de

César à Brutus : « *Tu quoque, fili mi!* »

Comment se fait-il donc que les premiers auteurs du meurtre de Louis XVI, que les véritables instigateurs des troubles civils (2), soient ceux qui s'emparent aujourd'hui du rôle d'accusateurs? Comment se fait-il que d'autres hommes, qui ont courageusement traversé la Révolution au milieu de ses vicissitudes, se trouvent tout à coup frappés de stupeur et semblent passer condamnation sur ces clameurs hypocrites? C'est que par la bizarrerie des événements, leurs faibles adversaires sont devenus les plus forts; c'est que les ennemis du nom Français avec lesquels ils s'étaient ligués, s'étant mis dix contre un pour nous combattre, sont entrés sans résistance dans la capitale; qu'un instant a suffi pour effacer vingt ans de gloire; qu'enfin ceux qui avaient fui au moment du danger, sont revenus triomphants à la suite des bagages ; et qu'ainsi vingt ans de victoires sont devenus vingt ans de sacrilèges et d'attentats.

Si le système de la liberté eût prévalu, les choses eussent porté des noms bien différents; car, dans les annales du monde, le même fait, suivant les circonstances, est tantôt un crime, tantôt un acte d'héroïsme; le même homme est tantôt *Claude* et tantôt *Marc-Aurèle*.

Catilina n'est qu'un vil conspirateur : il eût été le bienfaiteur de Rome, si comme César il eût pu fonder un empire. Cromwell fut reconnu jusqu'à sa dernière heure, et sa protection recherchée par tous les souverains : après sa mort il fut mis au gibet; il ne lui manqua qu'un fils semblable à lui, pour établir une dynastie nouvelle. Tant que Napoléon fut heureux, l'Europe s'inclina devant lui, les princes tinrent à l'honneur de s'allier à sa famille; dès qu'il fut tombé, on ne vit plus en lui qu'un misérable aventurier, lâche et sans talents. Pélopidas, Timoléon, André Doria, furent proclamés les libérateurs de leurs patries; ils n'eussent été que des factieux comme les Gracques, s'ils eussent échoué dans leurs entreprises.

Puisque les vociférations sans cesse renaissantes des premiers auteurs de la mort de Louis XVI, forcent à justifier ceux qui l'ont votée comme juges, lorsqu'ils ne pouvaient d'ailleurs l'empêcher, il ne sera pas difficile à ceux-ci de faire voir que ce vote est absolument conforme à la doctrine enseignée dans nos écoles, sous l'autorisation du gouvernement, préconisée comme la doctrine par excellence, puisque c'est celle des livres saints, appuyée sur l'opinion des moralistes, que l'on considère comme les plus sages de l'Antiquité, et les plus dignes de faire autorité dans tous les temps. Cicéron, par exemple, s'exprime ainsi dans les *Offices* (*liv.* 2, *chap.* 8) :

« Le meilleur moyen pour conserver ce que nous pouvons avoir de crédit et de considération, c'est de se faire aimer ; et le plus mauvais, c'est de se faire craindre. Comme a fort bien dit Ennius : *On hait tous ceux que l'on craint, et on souhaite de voir périr tous ceux que l'on hait.* Quand nous n'aurions pas su, d'ailleurs, qu'il n'y a ni puissance, ni grandeur qui puisse tenir contre la haine publique, ce que nous avons vu depuis peu nous l'aurait appris. Mais le meurtre de ce tyran (César), qui a opprimé cette république par la force des armes, et qui la tient encore en servitude, tout mort qu'il est, n'est pas le seul exemple qui ait fait voir combien la haine des peuples est pernicieuse et funeste aux plus grandes fortunes... Nous le voyons encore par la fin de tous les autres tyrans qui ont presque tous péri de la même manière. Il faut donc convenir que la haine est un mauvais garant d'une longue vie, et qu'au contraire il n'y a point de gardes si fidèles que l'amour des peuples, et qu'il n'y a même de sûreté solide et perpétuelle que celle-là.

« Laissons la dureté et la cruauté à ceux qui croient en avoir besoin pour contenir un peuple qu'ils ont opprimé par la force. Pour ceux qui vivent dans un état libre, il ne sauraient rien faire de plus insensé que de se comporter d'une manière à se faire craindre : car, quoique les lois soient comme ensevelies sous la puissance d'un particulier, et que la liberté soit resserrée par la crainte, elles se relèvent quelquefois, et parce que les peuples font entrevoir leurs sentiments, sans s'en expliquer, et par des concerts qui élèvent tout d'un coup à la souveraine magistrature des gens capables de tirer la république d'oppression. Or, les retours d'une liberté contrainte et interrompue se font bien plus cruellement sentir que tout ce qu'on aurait pu souffrir si on l'avait laissé subsister. (3) »

On voit que la clémence connue de César n'empêcha pas Cicéron de le regarder comme un tyran, et d'approuver l'attentat commis sur sa personne. Caton allait plus loin : il ne croyait pas qu'il pût exister un bon roi (4).

Si l'on prétend que la doctrine de ces auteurs païens doit être réprouvée parmi nous, je demanderai pourquoi les livres qui en sont pleins, continuent de servir de base à l'instruction publique? Mais si nous voulons puiser nos maximes de gouvernement dans les livres saints, ce sera bien pis ; on y trouvera la doctrine du régicide établie par les Prophètes, les rois rejetés comme les fléaux de Dieu, les familles égorgées, les peuples exterminés par l'ordre du Tout-Puissant, l'intolérance furieuse prêchée par les ministres du Seigneur plein de miséricorde (5).

Malgré cette ineffable doctrine, qu'apparemment les princes ne lisent guères, mais que les prêtres lisent beaucoup, et que les Jésuites savaient par cœur, il est avec raison établi en principe, chez les nations civilisées, que la personne des rois doit être sacrée et inviolable; mais le sens de ce principe et son application ne sont pas bien déterminés.

On demande, par exemple, si cette maxime a lieu seulement pour les souverains légitimes, ou si elle doit avoir lieu également pour les usurpateurs?

On demande ce qui distingue positivement un usurpateur d'un roi légitime?

On demande si l'on doit regarder comme sacrés et inviolables les princes pour lesquels il n'y a rien de sacré ni d'inviolable? Si un Tibère, un Sardanapale, un Néron, un Caligula, un Héliogabale, un Attila, un Chilpéric, une Frédégonde, une Isabeau de Bavière, un Mahomet II, un Christiern II, un Pierre le Cruel, un Sixte IV, un Alexandre VI, etc., etc., etc., doivent être considérés comme des souverains dont la personne soit inviolable et sacrée?

On demande si, lorsqu'il y avait à Rome douze Empereurs à la fois, élus par autant d'armées, tous les Empereurs devaient être considérés comme sacrés et inviolables?

Ces questions et un grand nombre d'autres semblables, pour lesquelles on s'égorge sur toute la surface de la terre, depuis l'origine des siècles, auraient grand besoin d'une bonne solution; mais il paraît qu'il est réservé au droit canon d'être longtemps encore ce qu'on appela *ultima ratio regum.*

Puisque, en dernier résultat, c'est la force qui décide de tout, il n'est pas étonnant que les Jacobins aient eu raison d'abord, ensuite le Directoire, ensuite Buonaparte, enfin les Bourbons dont la famille avait déjà eu raison une première fois pendant neuf siècles, et je crois qu'il n'y a personne en France qui ne désire qu'elle continue d'avoir raison. Mais, puisqu'il est reconnu qu'il n'y a pas de bon droit sans la force, il faut donc faire en sorte que les Bourbons ne perdent pas la leur, et encore plus qu'une partie de cette force ne se tourne pas contre l'autre.

Or, c'est cependant ce qui arrivera si l'on ressuscite les partis éteints, si l'on distingue de nouveau les ci-devant royalistes et les ci-devant républicains, si l'on veut voir en France autre chose que des Français, si l'on veut dater la régénération d'une époque antérieure à la charte constitutionnelle.

Le retour des Bourbons produisit en France un enthousiasme universel ; ils furent accueillis avec une effusion de cœur inexprimable ; les anciens républicains partagèrent sincèrement les transports de la joie commune; Napoléon les avait particulièrement tant opprimés, toutes les classes de la société avaient tellement souffert, qu'il ne se trouvait personne qui ne fût réellement dans l'ivresse, et qui ne se livrât aux espérances les plus consolantes. Mais l'horizon ne tarda point à se couvrir de nuages; l'allégresse ne se soutint qu'un moment. Ceux qui revenaient après une si longue absence crurent apparemment retrouver la France de 1789 : mais la génération était presque toute renouvelée; la jeunesse d'aujourd'hui est élevée dans d'autres principes; l'amour de la gloire surtout a jeté de profondes racines : il est devenu l'attribut le plus distinctif du caractère national; exalté par vingt ans de succès continus, il venait d'être irrité par des revers d'un moment, et malheureusement il a été profondément blessé par les premières démarches du nouveau souverain.

Autrefois les rois d'Angleterre venaient rendre foi et hommage aux rois de France comme à leurs suzerains; mais Louis XVIII, au contraire, a déclaré au Prince régent d'Angleterre que c'était à lui, et à sa nation, qu'il attribuait, après la divine Providence, le rétablissement de sa maison sur le trône de ses ancêtres : et lorsque ses compatriotes volaient à sa rencontre peur lui décerner la couronne, d'un vœu unanime, on lui a fait répondre qu'il ne voulait pas la recevoir de leurs mains, qu'elle était l'héritage de ses pères; alors nos cœurs se sont resserrés, ils se sont tus.

C'est ainsi qu'on a fait débuter Louis au milieu de nous, par le plus sanglant des outrages que pût recevoir un peuple aimant et sensible. Cependant nous n'avions pas calculé nos sacrifices pour recouvrer le fils de Louis IX et de Henri IV; nous lui avions aplani le chemin du trône, en nous empressant d'adhérer aux mesures peut-être un peu inconsidérées du Gouvernement provisoire. Dans notre vive satisfaction, nous avions spontanément abandonné nos conquêtes; nous avions renoncé à nos limites naturelles, à cette florissante Belgique qui joignait ses vœux aux nôtres pour sa réunion à la France; un trait de plume a suffi pour nous faire quitter ces superbes contrées, que toutes les forces de l'Europe n'auraient pu nous arracher en dix ans. Louis avait-il donc besoin d'imiter les usurpateurs qui, ne pouvant être rois par l'assentiment de leurs peuples, se font rois par la grâce de Dieu? Ne savait-il pas que nous avions eu Napoléon par la grâce de Dieu, que c'était par la grâce de Dieu que nous ne l'avions plus, que c'est par la grâce de Dieu qu'on a toujours vu et qu'on verra toujours régner les plus forts?

Louis s'était fait précéder par des proclamations qui promettaient l'oubli du passé, qui promettaient de conserver à chacun ses places, ses honneurs, ses traitements : comment ses conseillers lui ont-ils fait tenir ses promesses? En lui faisant chasser du Sénat tous ceux qui auraient pu paraître en effet coupables à ses yeux, s'il n'eût promis de tout oublier; mais aucun de ceux contre lesquels s'élevait l'opinion publique; aucun de ceux qui, par le poison de leurs flatteries envers Napoléon, avaient amené les Français au dernier degré d'avilissement. Ainsi l'adulation parut être de plus en plus le premier besoin des princes, sous quelque titre qu'ils règnent.

On exclut pareillement, avec une diligence extrême, des emplois secondaires ceux qu'avait pu égarer un amour excessif de la liberté. Il est vrai qu'ils ne sont point encore formellement proscrits, ils ne sont point encore livrés aux tribunaux; mais ils sont signalés, par le fait même de leurs démissions, dans leurs communes, à l'animadversion de leurs concitoyens, comme suspects, comme indignes de la confiance du Gouvernement; ils sont marqués du sceau de la réprobation : et si les militaires sont encore un peu ménagés, si l'on veut bien paraître leur pardonner leurs victoires qu'on se contente d'appeler *impies*, la raison s'en devine aisément. Oh! combien de faits héroïques sont condamnés à l'oubli, s'ils ne sont pas mis au nombre des forfaits!

Les promesses d'un roi devraient rassurer tous les citoyens, et cependant l'inquiétude plane sur eux de plus en plus;

elle plane sur leur existence, sur leur honneur, sur leurs propriétés. On se défie de l'arrière-pensée d'un prince, auquel, en si peu de temps, on a déjà fait éluder tant de fois ses promesses; on aime à croire cependant que ces fausses mesures ne viennent pas de lui, mais elles n'en portent pas moins atteinte à la dignité royale. Pardonner n'est point oublier, car l'oubli gagne les cœurs, et le pardon les ulcère. Si la personne des rois est justement sacrée, leur parole ne l'est pas moins et doit se montrer pure de tous subterfuges. Est-ce là cette loyauté qu'on se plut toujours à regarder comme le plus noble apanage du sang des Bourbons?

Lorsque l'on compare la puissance d'un roi sur son peuple à celle d'un père sur sa famille, c'est une heureuse fiction, mais qui est bien loin de la vérité. On dit ce qui devrait être, mais non ce qui peut être, et encore moins ce qui est. Un bon père n'établit point entre ses enfants d'odieuses distinctions : sa qualité réelle de père lui inspire des sentiments qui sont l'ouvrage inimitable de la nature, et ne peuvent appartenir à un souverain qui n'est que souverain. Enfin, un père n'est point vindicatif, il pardonne souvent après avoir menacé; mais il ne punit jamais après avoir promis d'oublier.

Il est impossible de dissimuler que nous éprouvons cette différence d'une manière sensible; le retour des lys n'a point produit l'effet qu'on attendait; la fusion des partis ne s'est point opérée; loin de là, ces partis, dont il ne restait presque plus de vestiges, se sont renouvelés, ils se mesurent et s'observent. Il n'y a ni rapprochement ni abandon; de fausses tentatives, des petitesses, des pas rétrogrades, des entorses données à des engagements solennellement contractés, ont produit l'inquiétude et la défiance; le Gouvernement n'a point fait usage des moyens qu'il avait à sa disposition, il en a paralysé une partie, il l'a tournée contre lui en se tournant contre elle.

Ceux-là sont donc bien coupables ou bien aveuglés, qui ont commencé par détacher de la cause du Prince tout ce qui avait porté le nom de patriote, c'est-à-dire, les trois quarts et demi de la nation et d'en avoir fait une population ennemie au milieu d'une autre, à laquelle ils ont indiscrètement donné une préférence éclatante. Si vous voulez aujourd'hui paraître à la Cour avec distinction, gardez-vous bien de dire que vous êtes un de ces vingt-cinq millions de citoyens qui ont défendu leur patrie avec quelque courage contre l'invasion des ennemis; car on vous répondra : que ces vingt-cinq millions de prétendus citoyens sont vingt-cinq millions de révoltés, et que ces prétendus ennemis sont et furent toujours des amis. Mais il faut dire que vous avez eu le bonheur d'être chouan, ou Vendéen, ou transfuge, ou Cosaque, ou Anglais, ou enfin, qu'étant resté en France, vous n'avez sollicité des places auprès des gouvernements éphémères qui ont précédé la Restauration, qu'afin de les mieux trahir et de les faire plutôt succomber : alors, votre fidélité sera portée aux nues, vous recevrez de tendres félicitations, des décorations, des réponses affectueuses de toute la famille royale.

Or, voilà ce qu'on appelle éteindre l'esprit de parti, ne plus voir partout que des Français, des frères, qui ont juré de ne jamais rappeler leurs anciennes querelles. Mais qui ne voit où l'on nous mène ainsi? Qui ne voit qu'on nous prépare à l'avilissement de tout ce qui a pris part à la Révolution, à l'abolition de tout ce qui tient encore un peu aux idées libérales, à la remise des domaines nationaux, à la résurrection de tous les préjugés qui rendent les peuples imbéciles?

Suivant la tactique usitée de tous temps en pareil cas, on n'attaque d'abord que ceux qui ont été les plus marquants, pour en venir successivement aux autres, et finir par envelopper, dans la même proscription, tout ce qui, de près ou de loin, a pris une part quelconque à la Révolution, rétrograder, s'il est possible, jusqu'au rétablissement des serfs, jusqu'à ces beaux jours de la Sainte-Inquisition, dont l'aurore commence à luire de nouveau sur les provinces d'Espagne.

La Révolution Française fut un composé d'héroïsme et de cruautés, de traits sublimes et de désordres monstrueux : or, toutes les familles restées en France ont été forcées de prendre une part plus ou moins active à cette révolution; toutes ont fait des sacrifices plus ou moins sensibles; toutes ont fourni des enfants à la défense de la patrie, et cette défense a été glorieuse : toutes étaient par conséquent intéressées à ce que le succès couronnât l'entreprise. Le contraire est arrivé : ceux alors, ceux qui s'étaient montrés opposés à cette révolution cherchent à la faire paraître sous l'aspect le plus défavorable. Les événements glorieux sont oubliés ou défigurés : on déverse un mépris affecté sur des actes de dévouement qui n'ont obtenu aucun résultat, et l'on fait retentir le cri de l'indignation contre ceux qui ont pu participer d'une manière quelconque à tout ce qui s'est jait.

S'il nous fût resté quelque chose de tant de travaux et de victoires, nous l'eussions regardé comme un trophée, auquel nous eussions aimé à rattacher nos souvenirs ; aussi s'est-on empressé d'exiger la restitution de toutes nos conquêtes, de peur qu'il ne restât quelque trace de la gloire que nous avions pu acquérir avant la Restauration, cette gloire importune étant censée la honte du parti contraire : mais cette même gloire était devenue notre idole ; elle absorbait toutes les pensées des braves mis hors de combat par leurs blessures, toutes les espérances des jeunes gens qui faisaient leurs premières armes : un coup imprévu l'a frappée ; nous trouvons dans nos cœurs un vide semblable à celui qu'éprouve un amant qui a perdu l'objet de sa passion : tout ce qu'il voit, tout ce qu'il entend, renouvelle sa douleur. Ce sentiment rend notre situation vague et pénible : chacun cherche à se dissimuler la plaie qu'il sent exister au fond de son cœur ; on se regarde comme humilié, malgré vingt ans de triomphes continus, pour avoir perdu une seule partie, qui malheureusement était la partie d'honneur et qui a fait la règle de nos destinées.

Mais cet état de malaise ne saurait subsister. C'est un aveuglement bien déplorable que celui d'un parti presque imperceptible, qui, admis à partager une gloire que rien ne saurait effacer, affecte de dégrader tout ce qui la constitue, et semble n'être rentré dans le sein de la mère patrie que pour l'avilir après l'avoir si longtemps déchirée; mais cette puissante nation sera bientôt revenue de l'étourdissement qu'à dû produire chez elle l'apparition subite d'une coalition sans exemple et qui ne peut se renouveler : elle a déjà repris le sentiment de ses forces. Ceux qu'on a crus anéantis, ne sont que dispersés; et si une pareille croisade recommençait, le grand peuple, malheureusement trop confiant jusqu'à ce jour, saurait profiter de son expérience pour se garantir de l'impéritie et des trahisons qui l'ont livré à la discrétion de ses ennemis; une poignée de transfuges qui étaient tombés dans l'oubli, et qui n'ont reparu que pour recueillir les fruits d'une victoire à laquelle ils n'avaient point pris de part, qui déjà n'ont plus le soutien de cette ligue qui a vaincu pour eux, et qui se trouvent comme perdus au milieu d'une immense population imbue d'idées libérales, ne peut en imposer longtemps; et ce serait un mauvais calcul que de laisser apercevoir des prétentions dominatrices : l'extinction de tous les partis est la seule chose qui lui convienne, et qui convienne à tout le monde.

C'est dans la Charte-Constitutionnelle qu'il faut chercher le salut commun; elle contient assez de garanties pour nous sauver tous, si nous ne souffrons pas qu'elle soit entamée : mais il faut pour cela que la vérité puisse parvenir aux oreilles du Souverain, et qu'il ne permette point à ses flatteurs de le faire dévier des dispositions de cette loi fondamentale qui est son propre ouvrage; il faut que les deux Chambres continuent à déployer le caractère qu'elles ont déjà montré dans quelques occasions; il faut que les nouvelles élections qui devront avoir lieu, ne soient point le fruit de l'intrigue et de l'astuce. Les vrais patriotes, c'est-à-dire, ceux qui ont combattu pour la défense de leur patrie, de leurs foyers, sont partout en immense majorité; il ne tient qu'à eux d'avoir une bonne représentation nationale; ils n'ont qu'à porter des citoyens connus par leur antique probité, des pères de famille, des acquéreurs de domaines nationaux, des hommes intéressés de toute manière à ce que la nation ne soit point avilie, à ce que ni l'anarchie, ni le despotisme ne puissent se relever.

Loin de moi toute pensée qui pourrait fournir le moindre prétexte à de nouveaux troubles; je me plains au contraire amèrement de ceux qu'on tend à susciter, en formant de nouveaux partis. Il est certain qu'il n'y en avait plus aucun lors de la déchéance de Napoléon, il est certain qu'il y en a maintenant; et assurément ce ne sont pas les anciens républicains qui les ont excités; ce ne sont pas eux qui remplissent les journaux de diatribes contre eux-mêmes; ce ne sont pas eux qui font colporter des écrits incendiaires contre la Charte-Constitutionnelle qui est leur garantie; ce ne sont pas eux qui conseillent à Sa Majesté d'éluder l'accomplissement des promesses qui leur sont favorables, et de manquer à sa parole royale.

Pourquoi, au mépris de cette parole, continue-t-on à distinguer, distingue-t-on plus formellement que jamais ceux qui sont demeurés attachés à la personne du Roi, de ceux qui sont demeurés attachés au sol de la patrie? Cette distinction était naturelle, lorsque les uns étaient en guerre contre les autres; mais elle aurait dû s'effacer lorsque les premiers ont repassé le bras de mer qui les séparait de nous, lorsqu'ils ont remis le pied sur leur terre natale. Prétendent-ils donc rentrer en conquérants, ceux qui n'ont été pour rien dans la crise qui vient de s'opérer?

Croient-ils nous ramener à l'époque de 89, comme si la raison pouvait rétrograder? Espèrent-ils nous faire proclamer que toute la Révolution n'est qu'un amas de forfaits, lorsqu'elle n'en offre pas d'autres que ceux dont ils sont la cause première? Ce sont toujours les défenseurs du sol qui forment le corps impérissable de la nation, de cette nation puissante et victorieuse depuis tant d'années. Ils n'entendent pas qu'on touche à leurs lauriers, sinon pour les partager fraternellement, si l'on s'en croit digne, mais non pour les flétrir.

Qu'est-ce qui a fait supporter si longtemps la tyrannie de Napoléon? C'est qu'il avait exalté l'orgueil national. Avec quel dévouement ceux même qui le détestaient le plus ne l'ont-ils pas servi? C'est le désespoir seul qui a pu faire abandonner ses aigles; son caractère en a imposé jusqu'au dernier moment; et dans sa détresse, il a encore traité d'égal à égal avec les alliés, qui nous dictaient des lois dans Paris.

Le droit de succession est compté pour peu de chose parmi les peuples belliqueux; ceci n'est point une théorie, c'est un fait. Dans les premiers moments de notre monarchie, la couronne n'était pas toujours déférée à l'aîné des enfants, mais à celui qui paraissait le plus propre à commander les armées; la nature semble avoir mis dans le cœur des hommes un entraînement particulier vers la gloire militaire; elle électrise les nations entières jusques dans le moindre hameau : vous faites couler des larmes d'attendrissement, en racontant un simple fait d'armes honorable pour la nation ou pour une famille. Pourquoi le peuple Français aimait-il tant ses rois? C'est qu'il les regardait comme les soutiens et les protecteurs nés de sa gloire; c'est qu'il s'était accoutumé à considérer son prince comme le plus vaillant des chevaliers.

La masse du peuple ne connaît pas les généalogies, et ne discute point les droits d'hérédité ; elle ne prend part aux querelles de ceux qui la gouvernent, à leur conduite privée, à leurs crimes politiques même, qu'autant que cela touche à ses propres intérêts : dans son instinct, elle juge qu'on a le droit de la gouverner, quand on la gouverne bien, et qu'on le perd, quand on la gouverne mal : celui qui la rend heureuse est toujours assez légitime, ou assez tôt légitimé. Les Romains oublièrent bien vite les premières années d'Auguste, parce que l'Empereur se hâta de faire succéder un gouvernement paternel aux horreurs commises par le Triumvir : les Anglais respectent encore la mémoire de l'usurpateur despote Guillaume-le-Conquérant, parce qu'il en fit un plus grand peuple ; ils mettent le capricieux et sanguinaire Henri VIII au nombre de ceux qui ont le plus contribué à leur prospérité, parce qu'il les affranchit du joug de la cour de Rome ; ils honorent Cromwell, qui avait envoyé leur souverain légitime à l'échafaud, parce que le Protecteur sut mieux régner que le Roi ; tandis que peu après, ils chassèrent encore leur nouveau roi légitime, Jacques II, pour mettre à sa place un nouvel usurpateur. Les Français applaudirent à l'usurpation de Pepin-le-Bref sur les Mérovingiens, et ensuite à celle d'Eudes et de Hugues-Capet sur les descendants de Charlemagne, parce que les nouveaux princes gouvernèrent mieux que ceux qu'ils avaient détrônés.

La France avait déjà souscrit à l'usurpation de Napoléon; elle lui aurait même confirmé le nom de Grand, que ses flatteurs s'étaient trop pressés de lui donner, sans la déloyauté et l'extravagance de ses dernières expéditions; et cette même nation sera peut-être plus rigoureuse aujourd'hui envers son prince légitime, parce qu'on croit toujours avoir droit d'attendre plus de celui qui vient, que de celui qu'on force de quitter. Quand on a chassé quelqu'un pour occuper sa place, on prend l'engagement tacite de faire mieux que lui.

Il est des personnes que le nom seul de liberté épouvante, parce qu'ils en jugent sur la Révolution, sans penser que cette révolution, au contraire, a été un despotisme continuel. Hélas! l'histoire entière du monde nous offre à peine quelques pages qui soient consacrées à décrire les effets de la véritable liberté ; cette histoire n'est bien plutôt que le tableau monotone de l'éternel abus du pouvoir : les peuples n'y figurent que comme les instruments et les victimes de l'ambition de leurs chefs : on n'y voit que des princes qui font combattre leurs sujets pour leurs intérêts privés, des rois qui sont eux-mêmes régicides et parricides ; des prêtres qui excitent au carnage et qui dressent des bûchers de temps à autre. Seulement on remarque les généreux efforts de quelques hommes intrépides, qui se dévouent pour délivrer leurs compatriotes de l'oppression : s'ils réussissent, on les nomme des héros ; s'ils échouent, on les nomme des factieux.

Cette révolution, qui, de près, nous paraît si terrible, que sera-t-elle dans les annales du monde? Que sont les événements dont nous avons été témoins, auprès de l'invasion des Barbares dans l'Empire Romain? Que sont-ils auprès des massacres qu'a occasionnés la découverte du Nouveau Monde? Que sont-ils auprès des guerres d'extermination, qui ont tant de fois dépeuplé dans l'Asie des contrées plus grande que l'Europe entière? Mais nous ne voyons dans le monde que le point imperceptible que nous y occupons. Nous ressemblons à un peuple de fourmis qui s'imagine voir la dissolution de l'Univers, parce qu'un passant a marché, sans y prendre garde, sur leur habitation. Eh bien! ces grandes catastrophes furent-elles l'effet de la liberté ou celui de l'ambition?

Dans l'état de nature, l'homme n'est cruel que par besoin; dans l'état de société, il l'est par caprice, pour satisfaire ses fantaisies et les passions qui naissent en foule de sa communication avec ses semblables.

Ce n'est pas, sans doute, que je veuille donner la préférence à l'état de nature; mais l'état social est susceptible d'une infinité de gradations, dont l'un des extrêmes serait celui d'un isolement total, et l'autre celui d'un despotisme absolu.

Or, ces deux extrêmes sont également vicieux et se confondent dans leurs résultats; car dans l'un et l'autre cas, il est évident, et l'expérience démontre qu'il ne peut y avoir ni lumières, ni industrie, ni prospérité nationale. Il y a donc un problème à résoudre : c'est celui de trouver entre ces deux extrêmes le point où il convient de s'arrêter, c'est-à-dire de distinguer quels sont les caractères d'une juste liberté et ceux d'un pouvoir légitime.

Mais où trouverons-nous en ce genre la mesure du bien et du mal? Est-ce dans le seul raisonnement, dans les autorités que fournissent les écrivains, ou enfin dans l'expérience? L'insuffisance du simple raisonnement est assez prouvée, comme je l'ai déjà remarqué, par les écarts qu'il nous a fait commettre dans tous les genres.

La nature a ses lois morales aussi bien que ses lois physiques, et les unes ne sont pas plus faciles à deviner que les autres : c'est à l'expérience qu'il appartient de nous en instruire, et c'est sur elle seule comme base que nous pouvons établir des principes et des raisonnements solides.

L'homme de la nature n'a aucun frein, non plus que les autres animaux : il rapporte tout à ses besoins physiques. Mais nous ne considérons ici que l'homme social : nous partons de la supposition qu'il habite avec ses semblables, et que l'état le plus désirable pour lui est celui d'une société bien organisée, où l'on se prête des secours mutuels; de manière que ce que nous avons à chercher est ce qui doit constituer cette société, pour qu'elle parvienne au degré de prospérité dont elle est susceptible.

Nous sentons que ce *maximum* de prospérité ne peut se trouver dans l'isolement absolu des hommes, puisque les premiers secours, ceux même qu'une mère doit à ses enfants, leur manqueraient : ainsi cet état de choses, non seulement n'atteint point le but, mais est même absolument impossible. Il est donc déjà démontré que l'état de civilisation le plus désirable exige le sacrifice d'une portion de la liberté naturelle.

Mais l'expérience démontre aussi que

sous un despotisme absolu qui est l'autre extrême, les lumières s'éteignent insensiblement, les arts cessent d'être cultivés, l'émulation disparaît, chacun devient indifférent à la gloire nationale et à la prospérité publique; de sorte que l'agriculture, le commerce et la population s'anéantissent graduellement.

C'est donc entre la liberté absolue et le pouvoir absolu qu'existe le *maximum* cherché de la prospérité nationale ; c'est-à-dire qu'il faut nécessairement pour l'obtenir que, d'une part, la liberté soit renfermée dans de certaines bornes, et que, de l'autre, le pouvoir soit limité. Or, c'est cette liberté ainsi restreinte que je nomme *liberté sociale,* et ce pouvoir tempéré que je nomme *pouvoir légitime.*

Donc, il faut que parmi les citoyens, les uns renoncent à leur chimère de liberté absolue, et les autres à leur prétention insoutenable de pouvoir illimité. Il faut que, de part et d'autre, on fasse un généreux abandon de ce qui ne peut que nuire à cet état de prospérité qui doit être le vœu de tous. C'était par ces réflexions, sans doute, qu'il fallait commencer la Révolution, et la Révolution n'aurait pas eu lieu.

Pour fixer d'une manière précise le point où il convient de s'arrêter entre les deux extrêmes dont nous avons parlé, il faudrait connaître l'état de sociabilité le plus parfait, ce dont personne ne peut se flatter; mais il suffit qu'on puisse en juger à peu près pour constater l'existence du principe qu'un pareil état de choses ne peut se concilier ni avec une liberté indéfinie, ni avec un pouvoir absolu.

L'état social peut s'organiser de diverses manières, et recevoir une infinité de modifications; car l'expérience prouve qu'il peut prospérer, soit dans une monarchie convenablement mitigée, soit dans un gouvernement populaire convenablement balancé; et mon objet n'est pas de me livrer à des recherches difficiles, sur lesquelles on s'est si souvent égaré : seulement on voit que la question est susceptible de diverses solutions, suivant la nature du gouvernement de chaque pays, et qu'il y a beaucoup de points qui doivent être communs à tous : comme la législation civile et criminelle d'une force publique, d'une administration financière, d'établissements pour l'instruction de la jeunesse.

Quoiqu'il ne soit pas possible de fixer théoriquement les limites des différents pouvoirs, on voit qu'ils n'en doivent pas moins tous être créés dans le but de la plus grande prospérité nationale, et que par conséquent les distinctions et les privilèges ne doivent être admis dans l'organisation, qu'autant qu'ils tendent à remplir cet unique objet : ce sont des rouages destinés à faire mouvoir la machine, mais qui ne sont pas là pour eux-mêmes, et qu'on doit même éliminer, lorsqu'ils ne font que compliquer le mécanisme et augmenter les frottements. De quelle importance que soit l'une quelconque de ces pièces, fût-elle même comme le grand ressort dans une montre, il serait absurde de dire que c'est la montre qui est faite pour le ressort, et non pas le ressort pour la montre. C'est ici l'application de l'apologie des membres et de l'estomac : les membres ne sont point faits pour l'estomac, ni l'estomac pour les membres, mais tous sont faits pour l'organisation générale de la machine humaine.

« Mais », dira-t-on, « quoique nous » sachions que le *maximum* de la pros-

» périté nationale est le grand et unique
» but que nous devons nous proposer, si
» nous ne connaissons pas précisément
» en quoi consiste ce *maximum,* comment
» l'atteindrons - nous ? Quelles routes
» devons-nous prendre pour y arriver?
» Et quand nous aurons découvert ces
» routes, comment déterminerons-nous
» chacun à les suivre? »

A cela je réponds que c'est avec le progrès des lumières qu'on parviendra successivement à découvrir ces routes, et qu'on déterminera chacun à les suivre par la formation d'un esprit national.

La science du gouvernement se perfectionne insensiblement, comme toutes les autres, par l'expérience de la méditation. Dès que tout le monde cherchera de bonne foi ce qui convient le mieux à la grande famille, chaque jour ajoutera aux connaissances de la veille; on cessera de marcher dans le vague, et tous à l'envi apporteront leur tribut d'intelligence et de zèle à la masse commune.

Mais quel sera le grand mobile de tous ces efforts individuels; qu'est-ce qui leur donnera cette tendance uniforme vers un même but? Ce ne peut être évidemment qu'une noble et forte passion; et cette passion ne peut être que l'amour de la patrie. Il faut donc faire naître cet amour, il faut créer un esprit national; c'est là ce qui nous manque, à tel point qu'à peine pouvons-nous nous en faire l'idée. Personne, pour ainsi dire, ne comprend chez nous comment on peut sacrifier son intérêt propre à l'intérêt général, s'oublier soi-même pour le salut et la gloire de son pays : on ne croirait peut-être pas à la possibilité de son existence, si l'histoire des peuples anciens ne nous en donnait la preuve, et si nous ne le voyions existier encore à un haut degré, chez quelques nations voisines.

En Angleterre, toutes les fortunes particulières sont liées à la fortune publique. Chacun est puissamment intéressé à ce que celle-ci n'éprouve jamais d'ébranlement sensible; par conséquent, la grande majorité de la nation est nécessairement pour le gouvernement, et le parti de l'opposition ne peut être que très faible; il n'est là que pour tenir tout le monde en haleine et rendre les discussions plus piquantes et plus approfondies. Voilà pourquoi il y a en Angleterre un esprit national.

Il n'en est pas de même en France : les fortunes individuelles, étant des portions mêmes du sol, se trouvent plus détachées les unes des autres, plus indépendantes de la direction générale des affaires, lesquelles peuvent péricliter jusqu'à un certain point, sans altérer les propriétés foncières, où réside la fortune publique. Voilà pourquoi il y a plus d'isolement en France, plus d'égoïsme, peu ou point d'esprit national : et cependant il en faut un, car il n'y a que les grandes passions qui fassent les grandes nations. Chez l'une, c'est la passion de la liberté; chez une autre, c'est celle des conquêtes; chez une autre encore, le fanatisme religieux : chez nous, ce doit être l'amour du sol qui nous a vus naître.

La France et l'Angleterre ne sauraient se régir de la même manière relativement à l'esprit national, qui doit être différent pour les deux pays. L'Angleterre, toute commerçante, doit se régir par le calcul et le goût des entreprises hasardeuses. La France doit se régir par l'amour de son territoire. L'Angleterre met son point d'honneur à se considérer comme le point central des grandes spéculations maritimes qui unissent toutes les nations; la France doit mettre le sien à profiter des dons que la nature lui a prodigués chez elle-même. Nous devons nous enorgueillir de nos richesses propres, nous y affectionner, nous attacher à les répandre uniformément par la facilité des communications intérieures, sans prétendre rivaliser avec nos voisins sur un élément, dont leur position géographique, et le système d'équilibre des puissances de l'Europe, semblent leur adjuger pour longtemps la suprématie. Il vaut mieux se borner à multiplier et améliorer les productions du sol, que de nous livrer à un commerce étranger, que nous ne pouvons jamais faire que d'une manière subalterne et précaire, sous le bon plaisir des Anglais, qui chercheront toujours à nous y faire éprouver toutes les avanies possibles.

Tel doit donc être le caractère de l'esprit national, qui convient au peuple français ; c'est l'amour de la grande propriété territoriale, qui renferme toutes les propriétés particulières, l'amour du sol pris collectivement, son intégrité, son perfectionnement, son indépendance politique : la disposition des esprits nous porte naturellement vers ce but commun. Les Français ont toujours été extrêmement forts chez eux ; et il est aussi difficile aux étrangers de s'y maintenir qu'il est difficile aux Français de s'établir solidement loin de leurs foyers.

Si nous adoptons une fois ce principe pour notre régulateur politique, nous aurions apporté un grand remède à cette inconstance, à cette mobilité qui tient plus aux circonstances locales qu'au caractère volage qu'on attribue ordinairement aux Français. Les Français ne sont pas plus volages que les habitants des autres pays, et la Révolution a bien prouvé qu'ils sont susceptibles d'une grande constance et d'une grande ténacité dans leurs entreprises, quand ils ont devant les yeux un objet digne de leur ambition. Ils ne se disséminent en petites passions que parce qu'on ne leur en offre pas une grande qui les fixe tous, et qui réunisse en faisceaux leurs forces individuelles.

Puis donc qu'il est prouvé par expérience que l'esprit national n'est point un être métaphysique et absurde, c'est à le faire naître que le Gouvernement doit s'appliquer ; c'est à en rassembler les éléments et les mettre en œuvre. Les éléments de l'esprit national sont l'honneur. la sensibilité, l'urbanité que semblent inspirer le climat et toutes les qualités par lesquelles la nature a voulu distinguer les peuples les uns des autres. L'art de mettre en œuvre ces éléments consiste dans une législation, une éducation, des institutions appropriées au but qu'on se propose.

Je suis loin de pouvoir approfondir tous ces objets. Je m'attacherai seulement ici au point principal, l'honneur, qui est à proprement parler le grand levier avec lequel on remue les nations, et surtout la nation Française.

Nous devons peut-être la plus grande partie de nos malheurs à un simple équivoque, à un abus de mots, au défaut de la distinction qui existe entre l'*honneur* et les *honneurs;* cependant qu'y a-t-il de commun entre ces deux choses?

L'honneur est le principe de tout ce qui se fait de grand dans le monde, les honneurs un simple signe de la faveur, et plus souvent la marque de l'intrigue ou d'une vile complaisance plutôt que du mérite réel. L'honneur excite une généreuse émulation; les honneurs une basse jalousie. Ceux-ci rendent indifférent sur les intérêts du gros de la nation, dont ils distinguent et isolent celui qui en est revêtu; l'honneur de chaque citoyen, au contraire, n'est qu'une émanation, une portion de l'honneur national.

Tout ce qu'on peut dire de plus favorable à ce qu'on nomme les *honneurs*, c'est qu'ils ne sont précisément pas incompatibles avec le véritable honneur; mais un homme taré, flétri, déshonoré dans l'opinion, peut réunir sur sa personne tous les titres, toutes les dignités, toutes les décorations, tous les honneurs; tandis qu'un homme modeste, plein de probité, de vertus, de talents, du véritable honneur, enfin, peut n'avoir aucune de ces distinctions qu'on nomme *les honneurs*. L'honneur est inhérent à celui qui a su l'acquérir ; on se dépouille des autres en ôtant son habit.

Mais malheureusement, aux yeux du vulgaire, ceux-ci dispensent souvent de l'autre, dont ils sont réputés le signe représentatif; c'est une fausse monnaie qu'on a souvent vu passer pour meilleure que celle même qui est de pur aloi : dès lors la fraude est encouragée; on néglige la chose même pour le signe, et il n'y a plus qu'à perdre pour les gens de bonne foi.

Sans doute c'est un grand avantage pour une nation de pouvoir payer avec une branche de chêne ou de laurier, avec des croix ou des rubans, les plus importants services qu'on puisse lui rendre ; mais, si ces distinctions deviennent le prix de la coterie, de l'espionnage, de services plus honteux encore, de quelle utilité pourront-elles être bientôt pour cette nation? Qui voudra se dévouer aux plus pénibles travaux, aux plus dures privations pour les obtenir? Qui ira les chercher dans les camps, si on peut les ramasser à pleines mains dans une antichambre?

Cependant, lorsque ces décorations sont devenues à ce point communes et triviales, que ce n'est plus même aux yeux du vulgaire un honneur de les avoir, mais seulement un déshonneur de ne les avoir pas, ceux qui les méprisent le plus se trouvent obligés souvent de les postuler humblement, d'intriguer pour les obtenir, et c'est ainsi que les honneurs factices finissent par tuer le véritable honneur, par produire l'avilissement et la démoralisation, lorsqu'ils devaient élever et épurer les âmes : ils substituent la vanité à la grandeur; la patrie n'est plus rien au milieu de ces hochets, il n'y a plus d'aliment pour l'émulation, et les siècles s'écoulent sans qu'il reste aucun souvenir de ces innombrables puérilités.

Mais, comment rétablir le véritable honneur dans ses droits, et réduire à leurs justes valeurs tant de distinctions parasites? C'est en laissant circuler librement la vérité, il n'en faut pas davantage; alors, au lieu de cette multitude de faits controuvés que sont intéressés à faire croire ceux qui courent après les honneurs pour les accaparer, nous saurons ce que les faits ont de réel : éclairés par la faculté de les discuter et de les démentir, ils seront dépouillés de l'exagération et des fausses couleurs qui les altèrent, et l'imposture déjouée ne viendra pas s'emparer des récompenses qui doivent appartenir au mérite seul. Alors la justice hautement rendue à celui-ci le développera de plus en plus; ses réclamations n'étant plus étouffées par le crédit et la jactance, chacun fera ses efforts pour gagner l'estime de ses compatriotes, sans craindre de s'en voir frustrer par un charlatanisme effronté; ses facultés s'agrandiront par l'espoir de la considération publique, et il s'empressera de suivre les routes tracées à toutes les classes de citoyens pour la plus grande prospérité nationale.

Nous avons déjà vu que c'est par la propagation des lumières que l'on peut parvenir à découvrir successivement ces routes; ainsi la libre circulation de la pensée doit rendre ces deux services à la fois, de faire connaître les meilleures choses et les meilleurs hommes, en tarissant les sources de l'erreur et des intrigues. Tels doivent être les effets naturels de la liberté de la presse; les effets tout contraires auront nécessairement lieu, si elle demeure comprimée (6).

On cherche une division de pouvoirs, qui, au lieu de se combattre perpétuellement, s'unissent au contraire pour tendre toujours au même but. Ces pouvoirs seraient le pouvoir d'*opinion*, et le pouvoir d'*action*. Le premier cherche les routes qui mènent vers la prospérité; le second dirige par ces routes tous les efforts particuliers, organisés entre ses mains. Qu'importe une légère agitation qui n'a pour objet que de trouver ce qui est utile? L'agitation dangereuse n'est jamais que celle que les factions produisent : et quelle faction peut-il y avoir, si chacun est animé du même esprit, si les distinctions ne sont plus l'ouvrage du caprice, mais celui d'un discernement juste, éclairé par l'analyse des faits; si chacun reconnaît la nécessité d'un pouvoir, et du sacrifice d'une portion de sa liberté? Or, nous sommes assez mûris par l'expérience, pour être bien pénétrés de ces maximes; et s'il reste encore quelques individus engoués de vieux préjugés à cet égard, ou heurtés à leurs opinions exagérées, ils se trouveront tellement noyés dans le nombre de ceux qui sont fatigués de révolutions, qu'ils rougiront bientôt de leur rôle absurde. Il ne faut pour cela que la volonté du Prince, c'est la mère abeille dans une ruche; on le suivra partout, dès qu'il aura donné le signal, et qu'on saura qu'il veut le bonheur commun, sans faire acception de personne; je l'avoue, de semblables principes sont loin de la sombre maxime, *Divisez pour régner*. Puissent donc mes concitoyens ne voir dans ces réflexions rapides que le désir sincère de prévenir toute réaction nouvelle, de leur inspirer ces sentiments nobles, cette bienveillance universelle qui porte à ne pas exiger des autres plus qu'on ne serait, peut-être, capable de faire soi-même! Puissent-ils sentir la nécessité d'immoler l'orgueil individuel qui divise tout à l'orgueil national qui réunit tout; de ne pas se croire supérieurs aux autres par leur nature, mais seulement par leur position dans l'ordre social; de comprendre que le vrai but du Gouvernement est d'entretenir l'harmonie entre tous les corps; que les distinctions inutiles sont toujours odieuses ou ridicules, et subversives de l'émulation; que c'est à ce même ordre social que doivent se rapporter tous les efforts particuliers; qu'il est susceptible d'une infinité de formes différentes, entre lesquelles les avantages et les défauts sont partagés; que toutes exigent l'exercice d'un pouvoir quelconque et par conséquent le sacrifice d'une portion de liberté! Puissent-ils sentir enfin qu'il vaut mieux supporter quelques inconvénients, que de prétendre à une perfection qui, dans la pratique, est une chimère, et dont la théorie est trop incertaine; que ce qu'il y a de plus utile en morale, est d'apprendre à se contenter de son sort, et que la nature, pleine de sagesse, a établi entre les hommes une sorte de compensation qui fait que l'inégalité des conditions est presque toujours plus apparente que réelle!

Quant à vous, Ministres, qui jouissez de la confiance de Sa Majesté, vous la méritez sans doute par vos lumières et votre dévouement pour sa personne sacrée; mais vous ne savez pas lui faire des amis: vous travaillez sans cesse à désunir ceux que vous devriez chercher à rapprocher; vous exaspérez de plus en plus des hommes qui ne veulent que la concorde; vous ne faites pas savoir au Prince, que dans le cœur d'un roi, les intérêts de la grande famille doivent l'emporter sur toutes les affections privées. Avez-vous déjà oublié que Napoléon n'est tombé de si haut, que parce qu'il n'a jamais voulu permettre qu'on lui dît la vérité, ni qu'on la dît à la Nation Française? Est-il de la dignité du Prince de chicaner sur quelques expressions obscures de la charte constitutionnelle, comme s'il en était déjà au regret de nous l'avoir donnée? et dans le cas d'un doute, ces expressions, qui sont de lui, ne doivent-elles pas toujours être interprétées de la manière la plus libérale? Un roi ne doit-il pas aller au delà plutôt que de rester en deçà de ce qu'il a promis? et ne devriez-vous pas lui rappeler sans cesse ce passage sublime de la proclamation de son aïeul Henri IV, n'étant encore que roi de Navarre :

« *Qui peut dire au Roi de Navarre, qu'il ait jamais manqué à sa parole?* »

NOTES

NOTES

(1) Il ne faut que voir dans le *Moniteur,* à cette époque, les adresses des Sections de Paris pour en être convaincu.

Les plus zélés partisans de Louis XVI ne peuvent disconvenir que ce ne fut au moins un roi faible; mais un roi faible est souvent aussi dangereux qu'un roi méchant : celui-ci fait le mal par lui-même, et l'autre le laisse faire par tous ceux qui l'entourent.

Le public est trompé par ceux qui affectent de dire que Louis XVI n'a été condamné qu'à une très petite majorité; c'est donner une idée entièrement fausse de ce qui a eu lieu réellement, car c'est faire présumer qu'il n'a été reconnu coupable que par cette petite majorité, tandis qu'au contraire il a été déclaré tel à la presque unanimité: ce n'est que pour l'application de la peine qu'il y a eu diversité dans les opinions, par des considérations politiques.

Les émigrés disent, pour excuser le Roi, et pour s'excuser eux-mêmes, qu'il n'était pas libre, et que par conséquent il a pu violer des lois qu'on l'avait contraint d'accepter. Je demande seulement si nous étions plus libres que lui ? Quels sont donc les coupables? Ce sont ceux qui ont commencé la Révolution, c'est-à-dire ceux qui nous accusent.

On n'attaque d'abord que ceux qui ont voté la peine capitale, pour n'avoir pas affaire à trop de monde en même temps; mais une fois qu'on se sera défait de ceux-ci, les autres, qui ont voté la réclusion ou le bannissement, ou d'autres peines plus flétrissantes que la mort; tous ceux, en un mot, qui ont déclaré la culpabilité, croient-ils en être quittes? Viendront ensuite tous ceux qui ont signé les adresses de provocation, d'adhésion, de félicitation, c'est-à-dire, plus de deux millions de citoyens, dont les familles seront proscrites. Après ceux-là, ce seront les acquéreurs de domaines nationaux, puis les nobles non émigrés, et enfin les défenseurs de la patrie, auxquels on fera un crime irrésistible d'avoir porté les armes contre leur souverain légitime; c'est-à-dire, que la France entière sera couverte de proscrits et d'ilotes.

De bonne foi, croit-on que ceux qui ont vaincu l'Europe se laisseront avilir à ce point ? Et a-t-on déjà oublié ce que c'est que le réveil d'un peuple opprimé ?

(2) Des quidams, se disant anciens membres du Parlement de Paris, font circuler clandestinement, contre la Charte constitutionnelle, de très humbles remontrances manuscrites qui sont le comble du ridicule, du délire, et de l'insolence contre la Majesté Royale. Ces Messieurs y parlent déjà, comme des énergumènes, de vengeances, d'échafauds, de leur procureur général, de la restitution des domaines nationaux, de la nécessité d'une religion catholique, de l'intolérance absolue. On se croit transporté au règne de Charles IX. Le Parlement ferait mieux de se souvenir et de laisser oublier aux autres, s'il se peut, que c'est lui qui a jeté le brandon de la discorde, en demandant la convocation des États-Généraux.

Le Parlement se vante beaucoup dans cet écrit de son antique fidélité pour ses rois ; c'est supposer que nous n'avons aucune connaissance de l'histoire. Le Parlement, comme tous les autres corps, a toujours cédé à l'empire des circonstances. N'est-ce pas lui, qui, lorsque Charles VI fut tombé en démence, rendit ce fameux arrêt, que M. de Boulainvilliers appelle *la honte éternelle du Parlement de Paris*, qui bannit à perpétuité du Royaume Charles VII, alors Dauphin, souscrivant au traité de Troyes, par lequel, à l'exclusion de ce prince, on reconnaissait le roi d'Angleterre, Henri V, pour héritier de la couronne de France? N'est-ce pas encore ce même Parlement de Paris, qui, par son arrêt du 5 Mars 1590, proscrivit Henri IV, qui venait déjà d'être proscrit par un décret de la Sorbonne?

Le président Hénaut n'avait garde de rapporter dans son *Abrégé chronologique* de pareils faits, qui compromettaient trop l'honneur de sa compagnie; mais il sont consignés dans toutes les autres histoires, et prouvés par pièces authentiques.

(3) « Pense-t-on », dit-il ailleurs, « que c'est un crime de tuer un tyran avec lequel on aura quelque liaison d'amitié? Au moins n'est-ce pas ainsi qu'on en pense parmi les Romains; ils sont persuadés, au contraire, que c'est la plus belle action qu'on puisse faire. »

J'avoue pour mon compte que je ne suis pas si républicain que Cicéron.

(4) « Comment qu'il aille », lui fait dire Plutarque, « un roi est toujours de sa nature une bête ravissante et qui vit de proie, et si n'y eut oncques roi, tant fût-il loué et estimé, qui méritât d'être comparé à un Epaminondas, un Périclès, un Thémistocle, ni à un Marcus-Curius, ou à un Amilcar surnommé Barca.»

(5) Voyez, dans la Bible, le livre des *Rois*, et particulièrement ce qui regarde le prophète Samuël et le prophète Jehu.

Je regrette de me voir contraint à faire ces détestables citations : il faut bien montrer à ces Messieurs que notre justification est dans leurs livres, mais certainement ils ne retrouveront la leur nulle part.

Les prêtres ont toujours cherché à profiter de la crédulité des peuples, pour opprimer les rois. Quelles humiliations les Papes n'ont-ils pas fait subir à toutes les têtes couronnées! et comment tout le sang des Bourbons ne s'indigne-t-il pas au souvenir de la pénitence ignominieuse infligée au grand Henri par l'évêque de Rome? Existe-t-il une histoire plus scandaleuse, sous tous les rapports, que celle des vicaires de Jésus-Christ? Que de guerres de religion n'ont-ils pas fait entreprendre ? N'est-ce pas à eux qu'on doit les Croisades, l'Inquisition, la Saint-Barthélemy ? N'étaient-ce pas les prêtres qui attisaient en chaire les fureurs de la Ligue ? Ne sont-ce pas eux qui ont mis frère Jacques-Clément au nombre des saints ? N'est-ce pas la Sorbonne, qui, la première, proscrivit Henri IV ? Ne trouve-t-on pas enfin des noms de Moines et de Jésuites dans tous les complots formés contre les Souverains ? Le fanatisme et l'hypocrisie ont fait répandre plus de sang sur la terre, que toutes les guerres politiques ensemble. Faut-il donc s'étonner que ces tartuffes soient si opposés à tout ce qui peut démasquer leurs turpitudes, et tirer les peuples de la stupidité dans laquelle ils les retiennent ? « Jugez », disent-ils, « par la Révolution des effets de cette orgueilleuse philosophie qu'on oppose à la religion ? » — On pourrait leur répondre : jugez par la Révolution de l'avarice sacerdotale, qui a mieux aimé commettre tant de crimes, que de venir au secours de l'État. La bonne philosophie n'a jamais été opposée à la bonne religion ; mais les mauvais prêtres le sont également à l'une et à l'autre ; ils ne veulent que du sang et de l'argent.

(6) La non-liberté de la presse prive le public

d'une de ses plus grandes jouissances, celle d'apprendre la vérité avec certitude; on la lui dirait officiellement qu'il ne la croirait pas, ou qu'il croirait qu'on lui en cache la moitié, si on l'empêche d'en être informé par une voie libre; la non-liberté de la presse est, comme on l'a dit, et comme nous l'éprouvons tous les jours, le privilège exclusif que l'on se réserve de dénigrer, de déchirer, de diffamer qui l'on veut, sans que celui qu'on tue moralement ait seulement la permission de se plaindre.

Dans un de ces pamphlets qui paraissent écrits sous la dictée des Furies, on suggère au roi un moyen fort ingénieux d'échapper d'un même coup à toutes les obligations que S. M. a cru devoir contracter envers le peuple Français, pour remonter sur le trône de ses pères: c'est de déclarer qu'il *a dit*, mais qu'il n'a pas *promis*. Il faut convenir que ce tour de passe-passe aurait fait honneur au génie du Révérend Père Escobar; et c'est à un roi de France, à un Bourbon, à un fils de Saint Louis et de Henri IV, qu'on ose proposer de jouer ce rôle ignoble à la face des nations!

PIÈCES JUSTIFICATIVES

PIÈCES JUSTIFICATIVES

LOUIS XVIII AUX FRANÇAIS

Le moment est enfin arrivé, où la divine Providence semble prête à briser l'instrument de sa colère : l'usurpateur du trône de Saint-Louis, le dévastateur de l'Europe éprouve à son tour des revers; ne feront-ils qu'aggraver les maux de la France, et n'osera-t-elle renverser un pouvoir odieux que ne protégent plus les prestiges de la victoire? Quelles préventions ou quelles craintes pourraient aujourd'hui l'empêcher de se jeter dans les bras de son roi, et de reconnaître dans le rétablissement de sa légitime autorité le seul gage de l'union, de la paix et du bonheur que ses promesses ont tant de fois garantis à ses sujets opprimés?

Ne voulant, ne pouvant tenir que de leurs efforts, le trône, que ses droits et leur amour seul peuvent affermir, quels vœux seraient contraires à ceux qu'il ne cesse de former? Quel doute pourrait-on élever sur des intentions paternelles?

Le Roi a dit dans ses déclarations précédentes, et il réitère l'assurance que les corps administratifs et judiciaires seront maintenus dans la plénitude de leurs attributions, qu'il conservera les places à ceux qui en sont pourvus et qui lui prêteront le serment de fidélité, que les tribunaux dépositaires des lois s'interdiront toutes poursuites relatives à ces temps malheureux, dont son retour aura scellé pour jamais l'oubli.

PROCLAMATION DE MONSIEUR, FRÈRE DU ROI

Nous, Charles-Philippe de France, fils de France, Monsieur, comte d'Artois, Lieutenant-Général du Royaume, etc., etc., etc., à tous les Français, salut :

Français, le jour de votre délivrance approche, le frère de votre Roi arrive parmi vous : c'est au milieu de la France qu'il veut relever l'antique bannière des lys, et vous annoncer le retour du bonheur et de la paix, sous un règne protecteur des lois et de la liberté publique.

Plus de tyrans, plus de guerre, plus de conscription, plus de droits-réunis; qu'à la voix de votre Souverain, de votre père, vos malheurs soient effacés par l'espérance; vos erreurs par l'oubli; vos discussions, par l'union dont il veut être le gage.

Les promesses qu'il vous renouvelle solennellement aujourd'hui, il brûle de les accomplir, et de signaler par son amour et ses bienfaits le moment fortuné, qui, en lui ramenant ses sujets, va le rendre à ses enfants.

RÉPONSE DU ROI, AU PRINCE RÉGENT D'ANGLETERRE

Je prie Votre Altesse Royale d'agréer les plus vives et les plus sincères actions de grâces pour les félicitations qu'elle vient de m'adresser ; je lui en rends de particulières pour les attentions soutenues dont j'ai été l'objet, tant de la part de Votre Altesse Royale, que de celle de chacun des membres de votre illustre maison. C'est aux conseils de Votre Altesse Royale, à ce glorieux pays, et à la confiance de ses habitants, que j'attribuerai toujours, après la divine Providence, le rétablissement de notre maison sur le trône de ses ancêtres, et cet heureux état de choses qui promet de fermer les plaies, de calmer les passions, et de rendre le repos et le bonheur à tous les peuples.

RÉPONSE DE MONSIEUR, FRÈRE DU ROI, AU SÉNAT

Je remercie le Sénat de ce qu'il a fait pour le bonheur de la France, en rappelant son Souverain légitime. Le Roi et sa famille sacrifieront leurs jours au bonheur des Français; il ne peut y avoir parmi nous qu'un sentiment : tout le passé est oublié ; nous ne sommes plus qu'un peuple de frères. Pendant le temps que je serai à la tête du Gouvernement, temps qui sera j'espère très court, j'emploierai tous mes moyens au bonheur public.

RÉPONSE DE MONSIEUR, FRÈRE DU ROI, AU CORPS LÉGISLATIF

Nous sommes tous Français, nous sommes tous frères. Le Roi va arriver parmi nous; son seul bonheur sera d'assurer la prospérité de la France, et de faire oublier les maux passés. Ne songeons plus qu'à l'avenir. Le Roi et moi, nous avons vivement senti le mérite de votre courageuse résistance à la tyrannie, dans un moment où il y avait un grand danger à réclamer contre la cruelle oppression qui pesait sur la France; enfin nous voilà tous Français.

ARTICLES 8, 9 ET 11 DE LA CHARTE CONSTITUTIONNELLE

Art. 8. Les Français ont le droit de publier et de faire imprimer leurs opinions, en se conformant aux lois qui doivent réprimer les abus de cette liberté.

Art. 9. Toutes les propriétés sont inviolables, sans aucune exception de celles qu'on appelle *nationales*, la loi ne mettant aucune différence entre elles.

Art. 11. Toutes recherches des opinions et votes émis jusqu'à la Restauration sont interdites; le même oubli est recommandé aux tribunaux et aux citoyens.

FIN

TABLE DES MATIÈRES

Paris. — Typ. Ch. Unsinger, 83, rue du Bac.

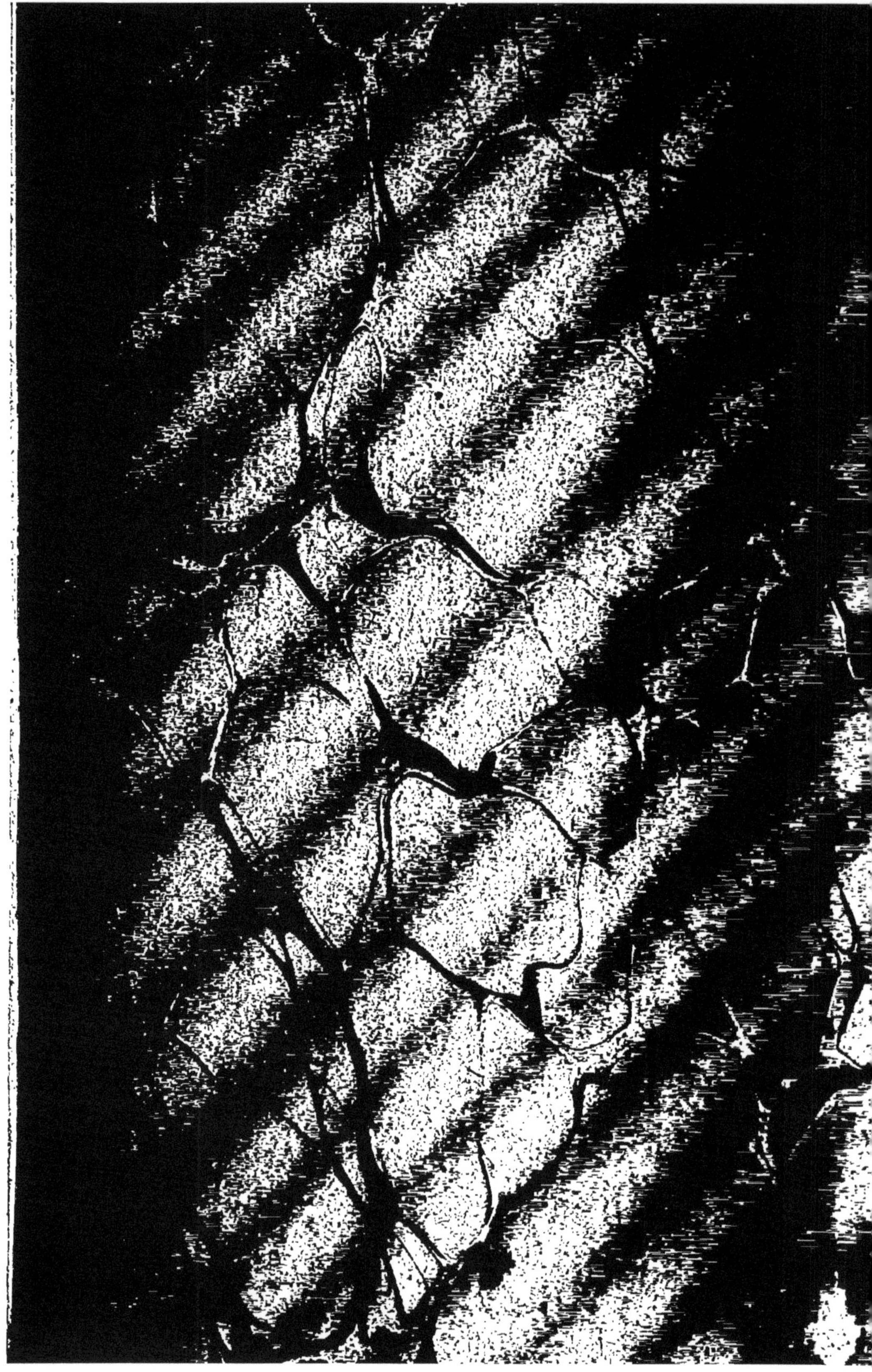

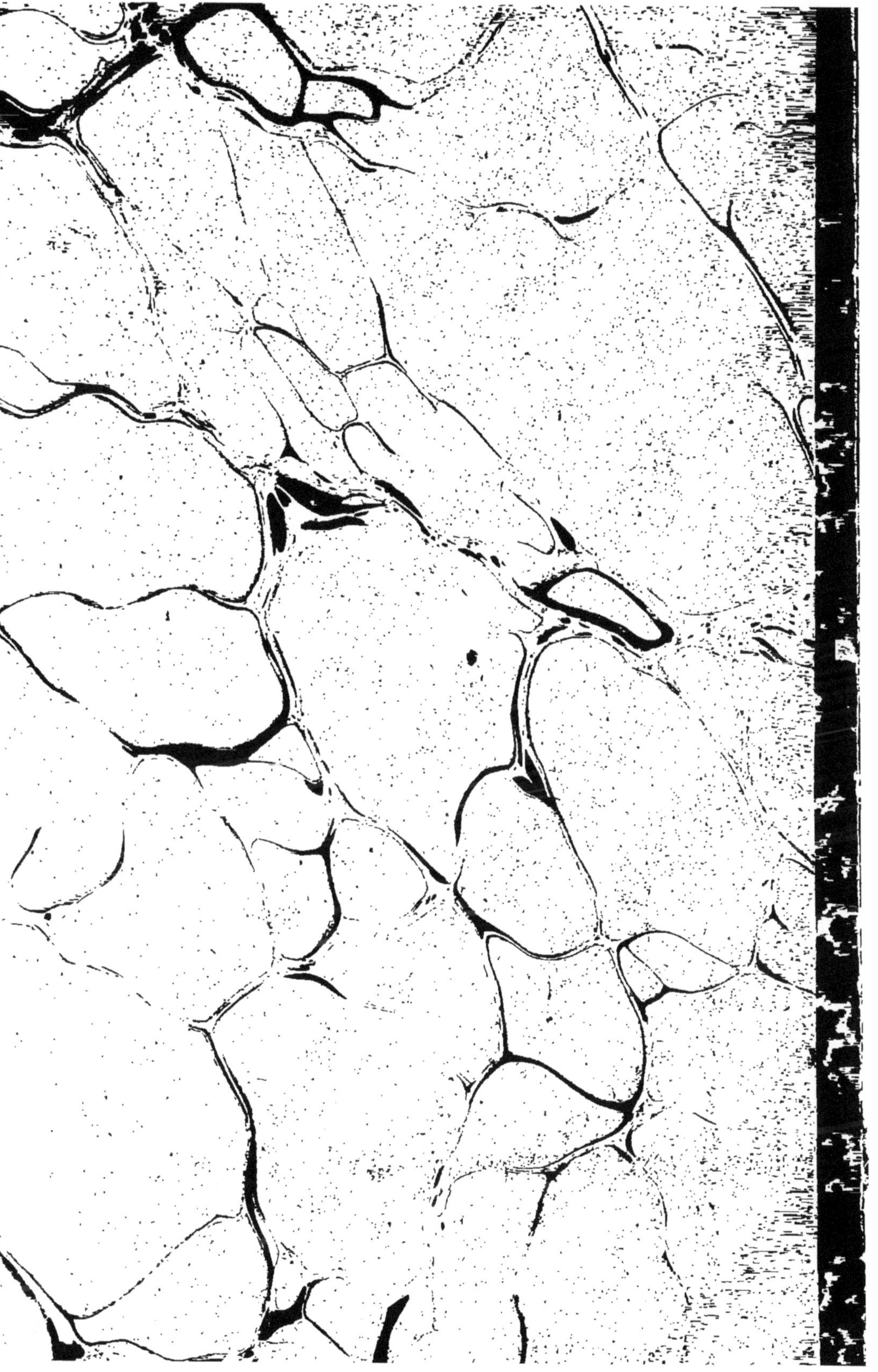

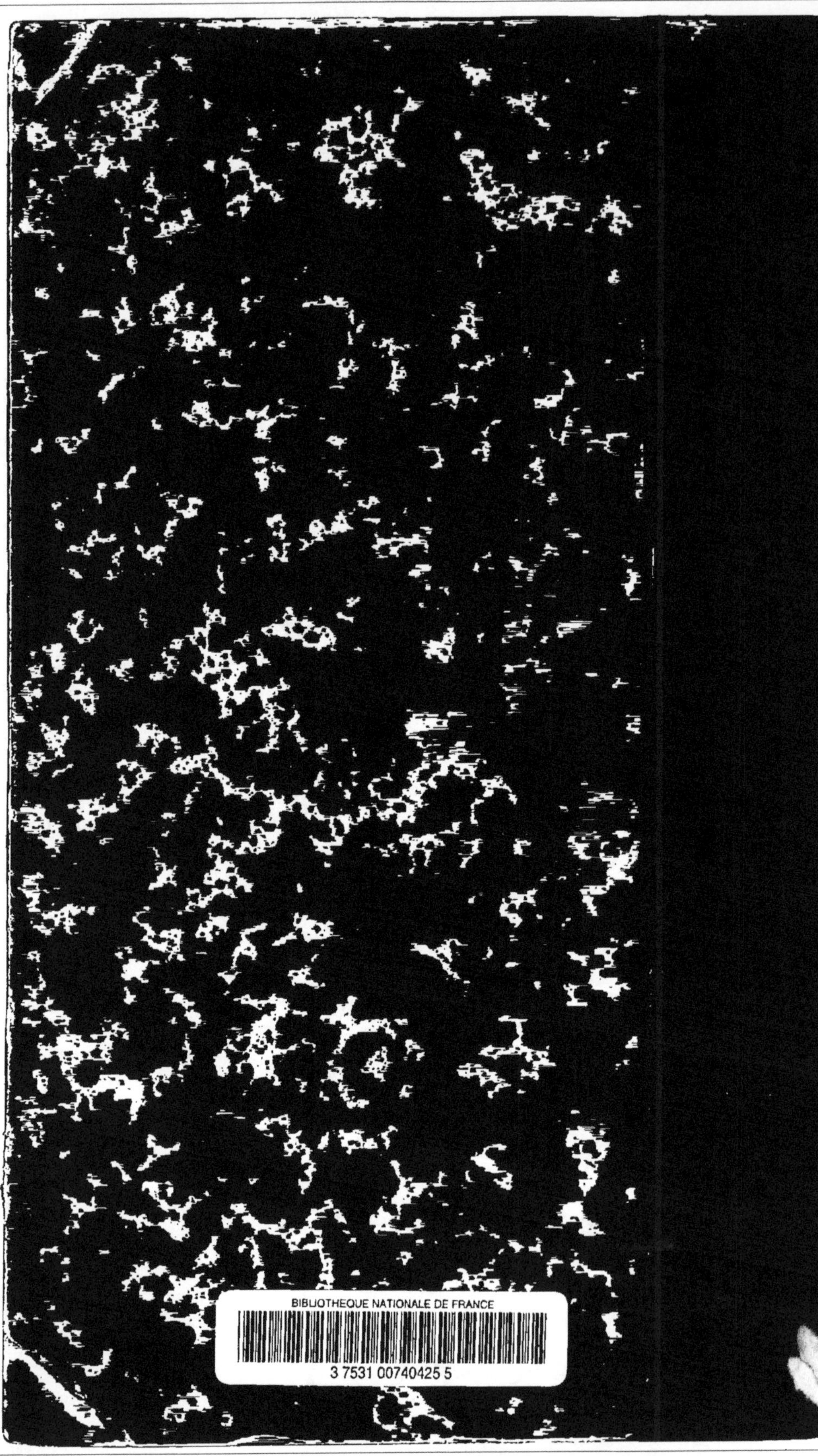

www.ingramcontent.com/pod-product-compliance
Ingram Content Group UK Ltd.
Pitfield, Milton Keynes, MK11 3LW, UK
UKHW020354230726
13925UKWH00003B/1118

9 782013 683159